AF586832

SOCIÉTÉ D'AGRICULTURE DE L'ARRONDISSEMENT DE MORLAIX

COMPTE-RENDU

DE LA FÊTE AGRICOLE DU 14 OCTOBRE 1886

ET

RAPPORT

De la Commission de Visite des Fermes

PAR DES JARS DE KERANROUË

Secrétaire

MORLAIX

TYPOGRAPHIE DE P. LANOE, 12 RUE PORTE-SAINT-YVES, 12

et 7 — Rue du Pavé — 7

1886

SOCIÉTÉ D'AGRICULTURE DE L'ARRONDISSEMENT DE MORLAIX

FÊTE AGRICOLE

Du 14 Octobre 1886

COMPTE-RENDU

La tâche de rendre compte du concours du 14 octobre m'étant de nouveau dévolue, je vais essayer de m'en acquitter en consignant, ici, de courtes observations sur chacune de ses parties.

Enseignement agricole

Le besoin de répandre l'enseignement professionnel se fait généralement sentir. Au collège de Morlaix, la chaire d'agriculture, occupée par M. Libert, professeur émérite, est entourée de 60 élèves; un de leurs anciens, M. Lavalou, qui va sortir, dans quelques mois, de l'école régionale de Grand-Jouan, y a toujours été le premier de son cours.

Propagation de l'outillage agricole

Nous obtenions difficilement que les mécaniciens agricoles de l'arrondissement prissent part d'une manière suivie à notre concours. Pour exciter leur émulation, la société d'agriculture eut la pensée d'ouvrir ses concours à tout le Nord-Finistère. M. Callennec, de Landerneau, s'est empressé de répondre à notre appel. M. Guillemart, excité par cette compétition, a doublé son exhibition. Nous avons pu présenter ainsi au public du concours une exposition d'outillage agricole (45 articles) possédant tous les perfectionnements connus à ce jour. Je suis heureux d'annoncer aux membres de la société d'agriculture que M. Guillemart tient à leur disposition le semoir qui a été si remarqué au concours.

Espèce chevaline

Nous offrions, aux étalons et poulains de gros trait et de demi-sang, six prix dont la valeur s'élevait seulement à 380 francs. Cela a suffi pour provoquer une exhibition de 36 sujets de choix. L'arrondissement de Morlaix a eu l'honneur de remporter les principales et les plus nombreuses récompenses au concours régional de Laval, au récent concours hippique donné par l'Association bretonne à Pontivy, aux concours des sociétés hippiques de St-Thégonnec, de St-Pol et de Brest. Aux courses, les succès des écuries de MM. Huon et de Kertanguy sont connus de tout le monde. Notre exposition réunissait les plus réputés de ces lauréats, quel plus bel éloge puis-je lui donner ?...

Espèce bovine

L'exposition bovine est la partie la plus importante de notre concours. Cette année, elle comprenait 134 sujets se décomposant comme suit:

Taureaux pur sang durham de tout âge	16
Taureaux croisés durham de tout âge	52
Vaches et Génisses.	66
	134

L'honneur de notre élevage a été soutenu, cette année, d'une manière toute particulière, au concours des reproducteurs Nord-Finistère par M. Pierre Henry, au concours régional par M. le comte de Champagny, au concours de l'association bretonne par MM. de Champagny et Rivoal, de Plourin.

Espèce porcine

L'exhibition de l'espèce porcine comprenait 9 verrats et 6 truies ; l'une des truies dépassait le poids de 300 kilos, elle n'était âgée que de 16 mois. « Un semblable résultat, dirons-nous avec M. Bourgeois, l'un des membres les plus distingués de la société centrale d'agriculture de Rouen, prouve combien est grande et active la puissance de production de cette espèce qui permettrait, avec 4 porcs semblables et dans l'espace d'une année, d'obtenir autant de viande qu'avec un bœuf de concours de 1,240 kilos en trois ou quatre ans. »

Racines fourragères et Cultures maraîchères

Les exposants étaient au nombre de 9. Ce concours a beaucoup intéressé le public. La culture des plantes racines a fait d'immenses progrès dans notre arrondissement depuis 40 ans. On en est arrivé, dans nos exhibitions, à confondre les Roscovites et les représentants de la grande culture des environs de Morlaix. Cela s'est présenté pour l'un de nos exposants les plus fidèles, M. Guézennec, de Ploujean, qui a été classé parmi les maraîchers par la commission, dans laquelle il y avait cependant un représentant de la culture maraîchère de St-Pol.

Ce progrès dans la culture des légumes dénote une intelligence qui mérite d'être récompensée. Pourquoi l'Etat ne concéderait-il pas à notre arrondissement le droit de cultiver le tabac ? Notre manufacture éviterait en cela des frais de transport considérables et nos fermes y retrouveraient une partie des bénéfices qu'elles perdent par la dépréciation du lin.

Nous avons remarqué, parmi les plantes fourragères, deux produits qui n'avaient pas été exposés depuis quelques années, le maïs et le topinambour. Nous ne saurions trop les recommander à nos cultivateurs.

M. Cudennec, de Plouigneau, l'un de nos vice-présidents, avait ajouté à son exposition de légumes sept variétés de pommes à cidre. J'espère que ce sera là le point de départ d'une exhibition de pommes spéciale à la grande culture.

M. François-Marie Guézennec, l'un de nos vice-secrétaires, étudiait la fabrication de la choucroute depuis deux ans. Après de sérieuses expériences, il s'est décidé à présenter son produit au grand public. Je dois dire qu'il a passé assez inaperçu. Il y a peut-être là une source de gros profits pour notre arrondissement. Voici ce que des personnes très compétentes pensent de la choucroute fabriquée par M. Guézennec. Je ne citerai que MM. Bott et Salonne, qui font servir de la choucroute à leur clientèle, et M. Herr, qui, étant d'origine Alsacienne, a dans la matière une autorité spéciale :

« *Morlaix, le 1er Décembre 1885.*

« Monsieur Guézennec,

« Veuillez, je vous prie, m'envoyer un baril de « cinquante kilos de votre excellente Choucroute. « Tout le monde continue à l'apprécier, — ce qui « n'est que justice, car vos efforts ont été récom- « pensés par un éclatant succès.

« Je vous présente, Monsieur, mes salutations empressées.

A. BOTT. »

« Monsieur Guézennec,

« La Choucroute que vous m'avez livrée cette « année a été trouvée excellente par tous les Clients « de la Maison ; parmi eux beaucoup d'amateurs « de l'Est la trouvent supérieure à la Choucroute « allemande : je vous serais obligé de me réser- « ver, pour la première fabrication, la même « quantité que cette année.

« Recevez, je vous prie, mes salutations.

« Paul SALONNE,

« *Maître de l'Hôtel de Provence à Morlaix.* »

» *P. S.* — Je tiens à votre disposition une attestation signée des personnes fréquentant ma Maison, favorable à votre Fabrication. »

« *Morlaix, le 30 Septembre 1886*

« Monsieur Guézennec,

« Votre Choucroute est bonne et peut incon- « testablement rivaliser avec n'importe quelle « choucroute du commerce.

« Je vous engage donc à persister dans votre « fabrication ; je ne doute pas un instant que vous « réussissiez dans votre entreprise, qui sera cer- « tainement une richesse de plus pour le pays. »

« Veuillez recevoir, Monsieur, mes civilités empressées.

« François HERR. »

Beurres

Les lots de beurre exposés étaient nombreux : pour 6 prix nous avions 36 concurrentes ; les beurres, déposés à la salle des séances 4 jours avant le concours, n'offraient, à l'exception de 5, aucun symptôme d'altération. Ceux qui ont été primés étaient d'une délicatesse et d'une finesse extrême ; il n'est pas exagéré de dire qu'ils valaient sur nos grandes places et sur celles d'Angleterre de 3 francs à 3 fr. 50 le 1/2 kilo. On nous offrait dernièrement une ligne de bateaux à vapeur qui eût fait le service hebdomadaire régulier entre les ports de Bretagne et Bristol, avec escale à Morlaix ; la traversée eût été de [illegible] heures ; nos beurres pouvant se conserver dans toute leur fraîcheur pendant au moins 6 jours, ce service nous eût donc permis d'introduire du beurre frais sur les grandes places de l'Angleterre.

L'exportation du beurre français a subi, en 1885, une diminution de 8 millions de francs. Quelle en est la cause ? Est-ce l'infériorité de notre produit national ? Non. La cause, c'est le traité du 31 octobre 1881, qui exempte de tous droits, à leur entrée en France, les beurres frais et abaisse à 2 francs le quintal le droit sur le beurre salé, pendant que les beurres français continuent à être fortements taxés, lorsqu'ils sont expédiés à l'étranger.

La prospérité d'un commerce se fonde sur la qualité de la marchandise et sur la loyauté des marchands. Le beurre danois est l'un des mieux cotés du marché universel. Cela lui sert à exploiter le beurre breton. C'est ainsi que notre beurre ne pouvant pas pénétrer facilement, sous son nom, en Angleterre, il arrive qu'une grande quantité en est expédiée de nos places, de Saint-Brieuc surtout, sur le Danemark, et qu'une fois là il est dirigé sur l'Angleterre et la Norwège comme beurre danois.

Nos légumes et nos bœufs ne pénètrent non plus dans le Royaume-Uni que sous la marque jersiaise.

Ces faits concordent-ils avec la doctrine libre-échangiste de l'école de Manchester ?

Cidre

Les concurrents étaient au nombre de 6.

M. Parize, directeur de la station agronomique, membre du Jury de ce concours, a pris sur les différents cidres quelques notes qu'il a eu l'obligeance de me communiquer et dont je fais les extraits suivants :

1er prix, l'abondance de la mousse n'a pas permis de le peser.

2e prix, 6 degrés au pèse-vin.

3e — 3 —

4e — 4 —

Les notes de M. Parize se terminent par une appréciation très élogieuse du cidre qui a obtenu le premier prix. « Enfin, dit-il, le dernier échantillon nous a offert un cidre liquoreux, très mousseux et jaillissant très haut au débouchage. D'un commun accord, il a été jugé très bon et la première place lui a été accordée, fort loin au-dessus de ses rivaux. » J'espère que, l'année prochaine, MM. Libert et Parize pourront nous donner des analyses chimiques de nos cidres, beurres, pommes à cidre, racines et plantes fourragères.

Le cidre se payait 25 et 30 francs la barrique, cette année. Dans les Côtes-du-Nord, le cidre de 1re qualité ne coûtait que 14 et 15 francs la barrique. Ces chiffres prouvent combien il est important pour notre arrondissement d'augmenter ses vergers. Nous sommes importateurs ; dans l'espace de quelques années, nous pourrions devenir exportateurs comme l'Ille-et-Vilaine qui, en 1886, a vendu aux départements viticoles plus d'un million d'hectolitres de cidre.

Horticulture

Le soleil ne s'était pas montré depuis quelques jours. Cela n'a pas empêché MM. Loth et de Lescoët de nous apporter ce qu'ils avaient de plus beau dans leurs serres. La Société d'Agriculture leur en est extrêmement reconnaissante.

L'exposition du château de Lesquiffiou était formée de deux ovales dessinés avec habileté, ornés avec grâce. Elle comprenait aussi deux orangers et une corbeille rustique d'un bel effet.

J'ai relevé les principales plantes de ces deux ovales. C'étaient, alignés suivant le milieu du dessin et entourés de dracénas et de bégonias : un gynérium ; — un ficus magnoliæ folium ; — un dracéna rubra congesta ; — un aralia ; — un chanvre rouge ; — un dydimo carpus ; — un aloës.

L'exposition de M. Loth était d'une richesse incomparable en bégonias, coléus et fougères. Chacune de ces plantes était représentée par 25 variétés, toutes plus intéressantes les unes que les autres. Nous nous sommes aussi arrêté à regarder les jolies et délicates fleurs des variétés de bégonia ricinifolia, maculata et smaragdinia.

Au milieu de ce trésor, nous avons encore à signaler, entre autres choses, un beau caladium esculentum, une amarante double et une pervenche de Madagascar, qui, posée en bordure, produisait un charmant effet.

L'exposition tracée par M. Lescour, de la rue de Ploujean, avec un talent qui lui fait honneur, comprenait une multitude de petites corbeilles aux couleurs le plus heureusement mariées.

Les concurrents dans l'exposition de fruits étaient au nombre de cinq. L'exposition de M. Albert Le Grand, qui a obtenu le second prix, contenait 33 variétés de poires et autant de variétés de pommes.

Prix de moralité

Dans ce concours, pour 12 prix nous avions 36 concurrents : 30 pour les hommes et 6 seulement pour les femmes. La modestie leur sied en tout.

Rapport de la Commission

DE VISITE DES FERMES

MESSIEURS,

La commission que vous aviez chargée de visiter les fermes qui se présentaient pour concourir aux primes que vous offriez à la bonne tenue des fermes était composée de Messieurs :

Le Jeune, de Sibiril, président.
Souêtre, de Sainte-Sève, membre.
Le Manchec, de Plougonven, id.
Le Bras, François-Eugène, de Lampaul, membre.
Quéinec, François, de Guiclan, membre.
Gauthier, de St-Martin-des-Champs, id.
P. des Jars de Keranrouë, rapporteur.

Nous avons trouvé partout l'accueil le plus sympathique, et notre président M. Le Jeune a témoigné notre reconnaissance à toutes les familles chez lesquelles nous avons été reçus en une série de discours bretons, qui nous ont prouvé que les habitants de nos fermes sont loin d'être insensibles aux gracieusetés qui leur sont exprimées dans notre langue nationale.

Au milieu de la crise agricole que traverse la France entière, il a été pour votre Commission d'un très grand intérêt de passer quelques heures dans neuf fermes situées dans cinq cantons différents de l'arrondissement.

Le Nord-Finistère, grâce à la forte impulsion qui n'a cessé d'y être imprimée au progrès, depuis plus de cinquante ans, par les sociétés et comices agricoles, est l'une des régions de la France qui montre le plus de force de résistance contre la désastreuse concurrence qui est faite aux produits de notre agriculture nationale pa l'importation, sans droits compensateurs, des denrées agricoles de tous les pays du monde.

Les cantons du Léon, dans cette lutte inégale, possèdent des ressources supérieures à celles des cantons de Tréguier. Ces ressources supérieures, ils les trouvent dans l'élevage de bêtes de choix des espèces chevalines et bovines et dans des cultures maraîchères qui, ayant acquis une réputation européenne, permettent aux cantons de Saint-Pol, de Plouescat et à une partie de celui de Taulé de faire de l'exportation, quand toutes les industries nationales, l'agriculture la première, fléchissent sous le poids de l'importation.

Le principal élément de résistance des cantons du Léon dans cette crise agricole, c'est un esprit de famille encore vivace. C'est grâce au groupement des enfants autour du foyer paternel, avant comme après le mariage, que l'on y possède cette abondance de main d'œuvre à bon marché qui permet de faire, avec bénéfice, la culture maraîchère et l'élevage des chevaux de sang.

Les fermes du Léon sont comme autant d'églises domestiques ; asseyez-vous, comme nous l'avons fait, dans leurs hospitaliers *cuz-taol* et dites-nous s'ils ne ressemblent pas à des oratoires consacrés au culte de la sainte Vierge et du Sacré-Cœur.

Le Léon est éminemment religieux. C'est dans son esprit chrétien qu'il puise son courage pour le travail ; c'est cet esprit chrétien qui a aussi donné naissance à ces associations admirables d'exportation de légumes, qui, ne possédant d'autre capital que la bonne foi et la confiance réciproque, ont devancé les syndicats agricoles, issus de la loi du 24 mars 1884, et ont supprimé dans des ventes au détail, en France et à l'étranger, qui se chiffrent par des millions de francs, des intermédiaires qui auraient prélevé le plus clair des bénéfices.

Un de ces intermédiaires me disait dernièrement, avec un air satisfait, qu'il avait revendu 2,500 fr. la récolte d'un demi-hectare d'artichauts qui ne lui avait coûté que 600 francs.

FERME DU COSQUER

En Cléder

Votre commission avait déjà passé quatre jours en route. Pour pouvoir se rendre au Cosquer, en Cléder, il lui aurait fallu employer un cinquième jour. Trohéon n'en est éloigné que de quelques kilomètres. M. Le Jeune, notre président, fut délégué pour y aller au nom de ses collègues. Voici les termes dans lesquels il me relatait les impressions qu'il y avait recueillies :

« Sibiril, le 1er juillet 1886.

» Monsieur et cher Collègue,

» J'ai visité la ferme de Hervé Le Bian, au Cosquer, et voici mon appréciation :

» La ferme est bien tenue et couverte d'une fort belle récolte.

» Froment, 4 hectares, très beau.

» Orge, un hectare, très beau.

» Avoine, 1/2 hectare, moyen.

» Le Bian a aussi sous oignons 80 ares ; magnifique apparence.

» 1 hectare sous pommes de terre plates ; très beau.

» Cette vigueur de végétation doit être attribuée à l'emploi d'une énorme quantité d'engrais marins que Le Bian et consorts recueillent de leurs propres mains du milieu des vagues de la mer.

» En ce qui concerne les bâtiments, ils sont en chaume et dans le vieux genre, à part une grange en ardoises récemment construite, qui est assez bien.

» État des chevaux, vaches, cochons, bon ordinaire ; rien de remarquable à signaler de ce côté.

» Il y a aussi 1 hectare 1/2 sous prairies, dont moitié de création récente (lande défrichée) et couverte déjà d'un foin fort irréprochable.

» Le Bian m'a aussi fort agréablement édifié en m'expliquant la manière dont il traite son purin et le fait deverser dans deux mares qu'il remplit de diverses matières, sable de mer, boues, sarclures, balayures, les triturant ensuite à sa manière pour en faire un certain compost qu'il soutient, et avec raison, être le meilleur engrais pour les prairies ; d'accord, en cela, avec la théorie moderne qui veut que le purin absorbé soit de beaucoup préférable à celui répandu à l'état liquide. La conversation de toute la famille dénote un esprit très industrieux pour rechercher des moyens d'améliorer leur culture.

» Le Bian m'a paru une sorte de type des fermiers proprement dits, personnes à nombreuse famille, mais aussi exposées à des secousses continuelles ; ainsi le Cosquer a été récemment fort affaibli par le départ d'un consort qui s'est en allé emportant la moitié du ménage. Tout l'aspect de l'intérieur de la maison respire le passé, le bon temps ; et on y chercherait en vain ce commencement de luxe, qui se trouve parfois même chez le fermier. La belle récolte du Cosquer, après une année difficile, a lieu d'étonner.

» Croyez, Monsieur et cher collègue, à mes sentiments bien distingués.

« J.-M. Le Jeune. »

Votre commission est heureuse de pouvoir offrir une médaille de bronze au fermier du Cosquer.

FERME DU RUMEN

La ferme du Rumen, en Plougasnou, occupe, à 200 mètres de l'anse de Térennez. un des plus jolis sites de la rade de Morlaix. Elle domine le château du Taureau, et possède une vue qui, embrassant la presqu'île de Carantec, St-Pol, Roscoff, la rade entière de Morlaix, se perd avec l'horizon dans les eaux bleues de l'Océan.

La culture du Rumen présente la condition moyenne de celle des fermes du canton de Lanmeur. Les terres labourables, qui comptent 7 hectares, sont en majeure partie couvertes de céréales. Les prairies ont une superficie d'un hectare. Elles ne sont pas rigolées, irriguées, comme dans le Léon. La contenance totale de la ferme est d'environ 9 hectares. La famille, y compris les serviteurs, se compose de 6 personnes. Le cheptel comprend 5 chevaux et 7 bêtes à cornes. C'est là une population humaine et animale inférieure à celles que nous avons trouvées ailleurs.

L'obstination de nos fermiers trécorois à produire du grain à perte contribuera peut-être à assurer le salut de la France, le jour possible d'une guerre maritime ou continentale. Nous n'en regrettons pas moins de les voir hésiter à cultiver en grand les plantes maraîchères et fourragères qui, en améliorant le sol par de fortes fumures, des labours profonds, des sarclages répétés, permettent, en procurant des récoltes à plus haut rendement, de diminuer les frais de production et de nourrir sur une moindre superficie une population humaine et animale plus forte et plus nombreuse.

Le progrès agricole paraît être plus avancé dans les autres cantons de l'arrondissement. Cependant, les communes maritimes de Lanmeur possèdent des avantages souvent supérieurs aux différents points de vue de la constitution géologique, de la douceur du climat, de l'abondance de la main-d'œuvre, de la proximité des engrais marins à bon marché et même gratuits.

Pourquoi donc Lanmeur serait-il en retard ? Je n'hésite pas à le dire ; c'est parce que ses cultivateurs ne visitent pas nos centres d'élevage et de culture maraîchère.

Le Noan nous a montré les médailles qu'il a obtenues pour ses chevaux au Concours de Lanmeur. Mais son principal mérite, à nos yeux, se tire de l'ordre moral. Ce mérite, c'est d'avoir été fidèle à sa ferme, suivant l'exemple de sa famille, qui y habite depuis 150 ans. Au milieu des doctrines funestes qui se font jour prêchant l'opposition des intérêts entre le fermier et le propriétaire, alors qu'il n'y en a que d'identiques et qu'il ne devrait y en avoir que de sympathiques; au milieu de l'instabilité de toutes nos institutions, cette longue fidélité réciproque renferme pour le propriétaire, M. James Mège, et pour le fermier François Le Noan, un bel éloge qui remonte à leurs ancêtres.

Votre commission, en récompense de sa fidélité traditionnelle au même foyer et au même propriétaire, décerne à Le Noan une médaille de bronze.

FERME DE RU-CAD

Ru-Cad est un vieux manoir construit sur un des points culminants du territoire de Roscoff. 16 hectares 1/2 en dépendent. Une grande partie de cette superficie est marécageuse et porte même, sur les talus, des roseaux et des herbes aquatiques.

Il n'en sera pas moins intéressant de rechercher la relation entre la population humaine et animale de Ru-Cad et sa contenance ;

Famille :	Déroff, sa femme et leurs trois fils	5
	Un beau-frère ayant trois filles et un fils	5
	Un domestique	1
	Total	11
Cheptel :	Chevaux	11
	Vaches	10
	Taureaux	3
	Total	24

Ce sont donc 35 êtres vivants sur 16 hectares. Cette *consortie* de famille est digne des plus grands éloges; elle assure d'ailleurs la prospérité de la famille Déroff. Fermière de Ru-Cad depuis environ 60 ans, elle l'avait fécondée de ses sueurs pendant ce long espace de temps ; grâce à l'union de tous ses membres, elle avait pu, quelques jours avant notre passage, s'en rendre adjudicataire. N'est-ce pas là la récompense la plus honorable à laquelle puisse aspirer une famille de fermiers laborieux ?

Ru-Cad, comme les autres grandes fermes du Léon que nous avons visitées, consacre une superficie importante à la culture maraîchère. Mais bien que nous fussions sur le territoire de Roscoff, je dois dire que c'étaient non les moins soignées mais les moins belles que nous ayons rencontrées. L'écurie est bien composée et possède plusieurs beaux sujets, parmi lesquels une jument qui venait d'être primée au concours hippique de Brest.

Votre Commission est heureuse de décerner à Déroff une médaille de bronze à titre d'encouragement pour son bel élevage de chevaux et l'heureuse et féconde union de sa famille.

FERME DE KERALIVEN

En Saint-Pol-de-Léon

Keraliven est situé à la porte de St-Pol-de-Léon, entre la ville et la gare.

Sa superficie est de 11 hectares tous labourables.

La famille est composée des époux Quillévéré	2
De 2 enfants	2
De 4 ouvriers	4
Et d'une fille de ferme	1
	9
Le cheptel comprend : 9 chevaux	9
20 bêtes à cornes	20
	29

Voilà donc 11 hectares qui nourrissent 38 êtres vivants. C'est très beau, d'autant qu'à Keraliven, comme dans les grandes fermes de la zone de culture maraîchère, une partie appréciable de la superficie, le 10e environ, est affectée à la culture des légumes qui donne plus particulièrement des produits d'exportation.

Cette année, sans compter les pommes de terre, la superficie consacrée à la culture des oignons et artichauts est de trois journaux. Que chacun de ces journaux rapporte 1,000 fr., chiffre au-dessous de la moyenne, c'est deux fois plus qu'il ne faut pour payer le fermage, et tout le reste est bénéfice pour le fermier. Quand donc les Trécorois comprendront-ils l'avantage qu'il y aurait pour eux à s'adonner à la culture maraîchère?

Quillévéré étant à la porte de St-Pol et ayant le bon sens de suivre, dans son élevage de chevaux, les conseils de MM. du Laz et Henri du Rumain, possède une écurie des mieux composées.

Il ne néglige pas non plus l'amélioration de ses bêtes à cornes. Nous avons rencontré dans son troupeau un certain nombre de vaches croisées Durham et le beau taureau pur sang de cette race Sadoc, qui est né dans l'étable de M. le comte de Champagny.

Quillévéré, possédant un bétail nombreux et bien nourri, recueille une grande quantité de riche fumier. Il emploie en outre de l'engrais humain en abondance et des engrais commerciaux et autres pour la valeur de 600 francs par an. C'est par ce moyen qu'il s'assure les belles récoltes qu'il nous a montrées.

Votre commission offre une médaille de bronze à Quillévéré pour son élevage de chevaux demi-sang, de bovidés de la race Durham et pour sa culture maraîchère.

PARC-AN-DUC-HUELLA

En Plourin

Parc-an-Duc-Huella est situé sur la route de Plourin, à 1 kilomètre de Morlaix.

Cette ferme est d'une superficie de 7 hectares 50 ares.

Elle est la propriété de Rolland, Hervé, qui y habite depuis 1884 seulement, avec sa fille, son gendre et ses deux serviteurs.

Avant 1884, Parc-an-Duc ne possédait pas de construction. Aujourd'hui, il y a une maison à étage sous ardoises et tous les édifices nécessaires à une exploitation agricole ; il ne nourrissait qu'une vache maigre; aujourd'hui, il y a deux forts chevaux et six vaches de grand rapport ; 3 hectares étaient défrichés mais pauvrement cultivés.

En moins de 2 ans, Rolland a défriché deux autres hectares, non à la charrue, mais à la pioche et au levier. Il a fourni 600 mètres cubes de pierre pour les routes, cela peut donner une idée de l'effort réalisé.

« A mon entrée en jouissance, nous dit-il, les terres de la ferme étaient infertiles et improductives. Le mode d'assolement est encore à établir. Aussitôt que j'ai défriché quelques ares, j'étends une couche de fumier sur les mottes et j'y sème de la vesce que je recouvre de boue de route mélangée de sable de mer, ce qui me réussit parfaitement. Après la coupe, je sème des navets avec ray-grass. Cette année, j'ai eu trois coupes de ray-grass avant la fin de mai, dans une terre défrichée l'année dernière. »

Rolland consacre aussi une superficie considérable au seigle et à l'avoine destinés à être coupés en vert, aux panais, betteraves, rutabaga, trèfle violet, trèfle incarnat, vesce, carotte.

Une telle culture est le moyen le plus sûr de s'assurer de belles récoltes de céréales; aussi en avons-nous vu de satisfaisantes à Parc-an-Duc-Huella.

Il est encore deux choses dans cette ferme qui méritent d'être mentionnées ; c'est l'arboriculture fruitière à laquelle Rolland s'adonne avec intelligence, et le poulailler qui compte en moyenne de 30 à 40 poulets.

Nous devons faire tous nos efforts pour détruire, dans l'esprit de nos fermiers, le double préjugé que les plantations d'arbres fruitiers et l'entretien d'un poulailler sont plutôt pour eux des sources de pertes que de profits.

Nous ne pourrons pas répéter trop souvent que le cidre produit environ le centième du revenu total du sol français, soit approximativement 112 millions par an;

Que la volaille donne en France un revenu annuel de 402,544,404 fr., soit : pour les œufs 223,129,136 fr., et, pour la volaille, elle-même, 179,405,268 francs.

La place de Morlaix expédie par an 7 millions d'œufs, représentant une valeur moyenne de 400,000 fr. La volaille peut se multiplier à l'infini, d'une année à l'autre, chaque poule donnant un rendement annuel moyen de 100 œufs. Si chacune de nos fermes possédait un poulailler comme celui de Parc-an-Duc, notre exportation d'œufs serait facilement décuplée. On ne songe pas non plus que trois mois suffisent pour élever 100 poules, qui ne pondent jamais mieux que dans la première année, tandis qu'il faut trois ans pour élever une vache. Le progrès n'étant excité que par les concours, il est urgent que notre Société d'Agriculture organise une exhibition d'œufs et de volailles.

Votre commission est heureuse de décerner une médaille d'argent à Le Noan pour ses défrichements, son étable de vaches laitières et son poulailler.

FERME DE PORS-ALLOUC'H

En Plounévez-Lochrist

Pors-Allouc'h est une propriété de petite superficie, 6 hectares 36 ares seulement. C'est une jolie miniature d'exploitation agricole, et qui possède en petit tout ce qu'on peut rencontrer dans les grandes fermes. En ce qui concerne les chevaux, qui sont au nombre de six et tous près du sang, c'est supérieur à ce qui existe dans les fermes d'une superficie double du Trécorois.

La propreté des édifices et leur aménagement intelligent et confortable méritent une mention spéciale. Mais ce qui est digne d'éloges, dans un pays si bien fait pour l'arboriculture fruitière, qui cependant y est généralement négligée, c'est le soin avec lequel M. Inisan entretient un jardin fruitier en plein rapport et un beau verger. Nous avons goûté à sa table des fruits et du cidre du crû, et notre président, M. Le Jeune, qui possède ses classiques latins comme s'il venait de sortir du collège, nous fit cette citation qui renferme une vérité pratique de nature à faire réfléchir les citadins qui sont toujours obligés d'avoir le porte-monnaie à la main : « *Frugibus mensas onerabat inemptis.* »

Votre commission offre une médaille d'argent à M. Laurent Inizan pour son bel élevage de chevaux, son arboriculture fruitière et son bon cidre.

FERME DE KERVADORET

En Saint-Pol-de-Léon

La superficie de Kervadoret est de 14 hectares, se décomposant en 13 hectares de terres labourables et 1 hectare de prairie.

Le fermier, Pierre Le Sévère, est connu à St-Pol par ses succès dans les concours hippiques.

La famille se compose, du fermier, sa femme, 5 enfants, un serviteur et une servante, en tout 9 personnes.

Le cheptel comprend : 11 chevaux, 10 vaches, 1 taureau, soit 21 têtes.

Ici, le rapprochement de l'étendue de la ferme et des êtres qu'elle nourrit est encore des plus frappants. Cependant, à Kervadoret, comme dans la généralité des fermes de St-Pol, on a adopté la culture de l'oignon et des artichauts. Nous y avons parcouru un champ d'artichauts de 2 journaux. Le Sévère en avait refusé 1,500 francs. Il avait bien fait ; car la récolte, vendue à la douzaine, lui rapportera plus de 2,000 francs par journal. L'usage est, dans le Léon, de vendre la récolte d'artichauts soit par champ, soit au mille pieds, soit à la douzaine de fruits. Le Sévère soutient que c'est la vente à la douzaine qui est la plus avantageuse pour le vendeur.

Au moment de notre passage, la récolte de Kervadoret avait belle apparence. Les animaux étaient en parfait état. Mais ce qui surtout intéressa la Commission, ce furent les chevaux : ils étaient près du sang et plusieurs d'entre eux présentaient une grande distinction ; nous fûmes ravis de la manière habile dont les deux fils, qui sont plus spécialement chargés de l'écurie, nous présentèrent leurs chevaux au pas, au trot, au galop, leur faisant décrire des cercles, changer de pas, d'allure et de direction, sans à-coup et voltigeant sur eux par toutes les figures, en cadence et sans ôter leurs sabots.

On demande, depuis de longues années, qu'il soit établi en Bretagne des écoles de dressage de chevaux. Pourquoi donc ces écoles de dressage sont-elles si lentes à se former, alors que nous avons sous la main les professeurs et les élèves : les élèves dans tous nos châteaux, dans toutes nos fermes; les professeurs dans les stations des haras, les dépôts de remonte, les garnisons de gendarmerie et de cavalerie ?

L'élevage a conduit Le Sévère au commerce des chevaux. Ce commerce, nous a-t-il dit, lui a permis, cette année, de réaliser un bénéfice de 1,800 francs, en 8 mois. Pendant ces 8 mois, il lui est arrivé de vendre 4,000 francs un étalon qu'il n'avait gardé que pendant 8 mois et qu'il n'avait acheté que 1,100 francs.

Les nombreux bénéfices de ce genre, réalisés par Le Sévère, seraient trop longs à énumérer. L'un de ses fils, qui a, comme lui, la passion du cheval, les avait consignés avec ordre dans un registre qu'il était fier de nous lire ; avec la comptabilité commerciale de St Nep, c'est la seule qui nous ait été produite.

Les édifices de Kervadoret forment un corps de ferme remarquable. La maison est spacieuse et possède un étage et un vaste grenier. Les écuries sont aménagées pour l'élevage et le commerce. Elles renferment plusieurs boxes et de nombreuses stalles. Cette sollicitude du propriétaire, M. le marquis de Lescoët, pour ses fermiers, méritait d'être signalée.

Le Sévère n'a reçu aucun patrimoine, mais, par son travail et son industrie, il est en voie d'en créer un à ses enfants et déjà il a pu en marier trois avec une dot de 2,000 francs.

Les succès de Le Sévère dans les concours ont été nombreux ; il nous a montré 18 médailles, dont l'une obtenue à St-Pol, pour labour à la charrue, par le plus jeune de ses voltigeurs.

Nous sommes heureux d'y ajouter une médaille d'argent, afin d'encourager le fermier de Kervadoret dans ses belles cultures de céréales et de légumes, dans son élevage, son dressage et son commerce de chevaux de demi-sang.

Nota. — C'est en 1886 qu'il a été récolté des artichauts à Kervadoret pour la première fois.

FERME DE KERVRAC'H

En Pleyber-Christ

Kervrac'h est un vieux manoir, tombé à la condition modeste mais honorable de ferme ; ses croisées ont perdu une partie de leurs meneaux, sa porte gothique a conservé, dans son archivolte, les vestiges martelés des trois écussons traditionnels ; sa grande cheminée réchauffe toujours, sous son large manteau une nombreuse famille rurale. Le seigneur n'y raconte plus ses chasses ; mais les fermiers et ses serviteurs s'y entretiennent de progrès agricoles ; car Kervrac'h, placé sur la lisière du bois de Coetlosquet, dans une situation qui provoquait naturellement à la chasse, est, aujourd'hui, une des plus belles exploitations agricoles du Léon.

Les terres qui en dépendent sont les plus vastes que nous ayons eues à visiter ; elles couvrent une superficie d'environ 43 hectares, dont la moitié est occupée par des garennes et des taillis.

Le fermier Ollivier Sibiril, secondé par une femme laborieuse et intelligente, conduit sa culture avec autant de succès que d'intelligence. Si nous avons admiré le bon ordre, la propreté, l'abondance qui règnent dans la maison, ce que nous avons examiné à l'extérieur nous a aussi donné sous ce rapport une grande satisfaction.

L'outillage et le mobilier sont aussi complets qu'on puisse le souhaiter. Nous ne parlerons que du fourneau économique ; sa capacité est de 265 litres ; il sert à couler la buée et à cuire les racines destinées aux animaux. A ce fourneau est adapté un robinet qui fournit pour le bétail une eau qui, après avoir passé sur les racines, a acquis la valeur d'un bouillon. Le chauffage est fait avec un mélange de bois, de tourbe et de charbon de terre.

L'élevage est remarquable ; le nombre des animaux s'élève à 33. Le fermier voudrait augmenter ce chiffre. Mais il trouve n'avoir pas pour cela assez d'édifices ; il souhaiterait que M. le marquis de Lescoët, son propriétaire, qui lui a déjà fait de nombreuses constructions, lui accordât une nouvelle étable pouvant recevoir 12 bêtes à cornes.

Les vaches et génisses sont au nombre de huit ; elles sont en très bon état, et croisées Durham pour la plupart ; quelques-unes sont très près du sang ; le troupeau possède un taureau remarquable ; la ferme engraisse 14 bœufs à l'année.

Les chevaux sont au nombre de 8 : 4 chevaux d'âge, appartenant à l'espèce de trait améliorée et 4 poulains, dont 2 ont été achetés dans le Perche et 2 dans le pays. Les poulains bretons avaient paru à la commission supérieurs à ceux de provenance percheronne ; le jury du dernier concours hippique de Saint-Thégonnec a confirmé son appréciation.

Les cultures sont bien faites et procurent des récoltes à hauts rendements.

Voici les chiffres, par hectare, qui nous ont été donnés par le fermier :

Froment	3.600 kilos
Orge	4.000 —
Avoine	4.000 —
Panais	38.000 —
Rutabagas	20.000 —
Betteraves	14.000 —

La récolte avait belle apparence ; une partie notable des céréales était semée au semoir Callenec, les racines l'étaient en totalité. Les labours étaient faits à plat par larges planches. C'est là, avec l'usage du semoir, un grand progrès, dans un quartier où l'on est encore attaché au sillon.

Sibiril a établi de solides chaussées en pierre sur ses chemins de servitude, sur une longueur de plus de 1,500 mètres. Le long de l'un d'eux, il a creusé un ruisseau, profond par endroits de plus d'un mètre. Ce ruisseau, outre qu'il assainit la route et dessèche un marais, fait passer par un dépôt de fumier les eaux d'une source qui prennent les purins et les transportent sur les prairies. L'amélioration et l'irrigation de ces prairies lui valait, l'an dernier, votre première prime culturale.

M. le marquis de Lescoët encourage ses fermiers à planter des pommiers, en introduisant dans ses baux à ferme la clause que ces plantations seront portées en plus-value aux fermiers sur le renable, à l'expiration des baux. Nous avons vu à Kervrac'h un beau verger planté dans ces conditions.

Un moulin à eau et un four sont attachés à la ferme. Ils sont très fréquentés par les voisins qui trouvent plus de bénéfices à soigner eux-mêmes leur farine et à faire leur pain, que ne le font les citadins qui, par leur propre faute, sont à la discrétion des grands meuniers et des grands boulangers, et, pendant que le blé se vend à vil prix, paient très cher la farine et le pain, parce qu'ils ne savent plus passer la farine par le tamis et pétrir le pain de ménage dans la maie à pâte de la table de famille.

Sibiril n'est qu'au début de sa carrière de concurrent et déjà il possède 10 médailles, dont 3 en vermeil. Il a obtenu, à Morlaix, 6 premiers prix ; il a soutenu, au loin, l'honneur de l'arrondissement, remportant un prix d'honneur pour une bande d'animaux au Concours du Sud-Finistère et un premier prix pour un taureau pur sang au Concours interdépartemental de Carhaix.

Votre Commission lui décerne votre seconde prime culturale : la médaille d'argent grand module, pour le récompenser de l'intelligence avec laquelle il lutte contre le monopole des grands meuniers et boulangers, des améliorations qu'il a faites à ses prairies, à ses champs, à ses chemins, de ses plantations de pommiers à cidre, de son bel élevage de chevaux et de bêtes à cornes et de son important engraissement de bœufs.

FERME DE SAINT-NEP

En Saint-Pol-de-Léon

La ferme de Saint-Nep est placée dans un site délicieux, à l'embouchure de la Penzé. Au sud, ce sont les bois de Kerlaudy, par dessus lesquels passe, avec une hardiesse surprenante, le pont du chemin de fer de Morlaix à Roscoff ; à l'est, ce sont les territoires maritimes de Taulé et de Henvic ; au nord, la baie de Saint-Pol et la rade de Morlaix ; à l'ouest, une partie de Saint-Pol et Plouénan.

C'est là qu'habite Charles Daniellou, l'un des maraîchers et, en même temps, des marchands de légumes les plus intelligents de l'arrondissement.

Il y vit heureux au milieu d'une famille modeste et laborieuse comme lui. La bonne renommée de sa femme égale la sienne dans tout Saint-Pol. Il a six enfants, un gendre et un petit-fils. Sa dernière fille est paralytique ; mais elle possède une âme angélique qui fait la joie de la maison, et sa naissance à marqué pour le ménage Daniellou le point de départ de sa prospérité ; le second des fils est abbé, et la ferme de Saint-Nep considère cette vocation comme une distinction de la Providence.

Lorsque Daniellou a des travaux pressés, il a des journées de 15 et 20 ouvriers supplémentaires.

Le nombre d'animaux entretenus sur l'exploitation se décompose comme suit :

Chevaux d'âge	2
Poulains	3
Vaches laitières.	4
Génisses.	2
Taurillons	2
Porcs	5
Total.	18

Le nombre d'êtres animés vivant sur Saint-Nep :

10 personnes de la famille.
5 domestiques.
18 animaux.

33 en tout, sans compter les ouvriers supplémentaires, qui, eux aussi, avec le salaire, y reçoivent la nourriture, est remarquable eu égard à la superficie de la ferme, qui contient :

Terres labourables	9 h.	25 a.
Prés naturels	»	75
Herbages plantés en verger.	»	05
Oseraie	»	01
Sol sous édifices	»	30
En tout	10 h.	36 a.

10 hectares nourrissent en permanence 33 êtres vivants humains et animaux et, de temps en temps, de 15 à 20 ouvriers supplémentaires; n'est-ce pas là une situation à signaler ? Si, d'autant que la plus grande partie des récoltes de ces 10 hectares 36 ares est destinée à la vente la plus avantageuse, à la vente pour l'exportation.

C'est en 1869 que Daniellou devint fermier de Saint-Nep. A cette époque, la culture maraîchère n'était pas connue dans le village de Saint-Yves ; cette culture n'a d'ailleurs été introduite dans la commune de Saint-Pol que depuis une vingtaine d'années. Actuellement, elle s'y est généralisée et s'est étendue aux communes voisines: au village de Saint-Yves, particulièrement, tout le monde suit l'exemple de Daniellou. Depuis l'année dernière, il a aussi des imitateurs dans la commune de Henvic, et c'est à la ferme de l'Ingosch qu'il a acheté, pendant la campagne qui va finir, son plus beau champ d'artichauts.

L'assolement suivi à Saint-Nep est irrégulier, à cause de la diversité des cultures et de la fécondité des terres qui a été élevée si haut qu'elle paraît inépuisable. Dans les terres médiocres, on met alternativement trèfle, froment, pommes de terre et, parmi les panais, froment et trèfle aménagés de façon à avoir toujours double récolte.

« Dans les terres meilleures, même système, suivant la saison et toujours récoltes abondantes grâce aux engrais employés. »

A sa culture maraîchère, comparable à ce qu'on peut voir de plus beau, Daniellou joint la culture de céréales, de plantes et des racines fourragères la plus propre, la plus luxuriante que nous ayons rencontrée.

Son élevage est très intéressant. Après avoir éprouvé des déboires dans l'élevage du cheval de sang, il est revenu au cheval de trait. Ses vaches sont des mieux soignées et donnent un rendement satisfaisant. Sa porcherie est la mieux composée que nous ayons vue dans notre voyage.

Les foins, les pailles, les fumiers, les bois de chauffage sont très soignés. En ce qui concerne les purins, rien n'est perdu. Tout respire l'ordre à l'intérieur et à l'extérieur, et c'est plaisir d'entendre Daniellou énumérer les améliorations qu'il a faites, à ses propres frais, à sa maison, à ses autres édifices, à ses champs et à ses prairies, dont il a transformé l'une en prairie grasse, conquis l'autre sur un relais de mer ; il a aussi créé un beau jardin fruitier et potager et un verger; tout cela sur la garantie qu'il croit posséder de n'être jamais délogé par son propriétaire, M. le comte de Guébriant, aussi longtemps que lui-même sera fidèle envers lui.

A ses cultures, Daniellou ajoute l'industrie de la pêche des engrais marins. Il arme pour cela un bateau jaugeant 10 tonnes.

De plus, il fait le commerce en gros de légumes et dirige d'importantes expéditions.

sur tous les points de la France et de la Belgique.

Sa comptabilité commerciale est très régulièrement tenue ; il possède pour sa correspondance une presse à copier, mais il n'a pu nous exhiber aucune comptabilité agricole.

Ce que votre commission a vu et appris à Saint-Nep l'a rempli d'admiration. Elle y a acquis la profonde conviction que, si les communes maritimes du canton de Lanmeur et de l'arrondissement de Lannion s'adonnaient, comme les cantons de Saint-Pol et de Plouescat, à la culture maraîchère, l'aisance y remplacerait sans tarder la gène qui y règne actuellement.

Le meilleur moyen de persuader les cultivateurs de la zone maritime trécoroise du haut intérêt qu ils auraient à adopter la culture maraîchère, ce serait soit de faire visiter par des délégations, ce qui se fait dans le Léon, soit, mieux encore, d'envoyer des jeunes gens intelligents vivre pendant un an ou deux de la vie commune de fermes comme celle de Daniellou, que nous proposons au littoral nord de la Bretagne comme un modèle de petite culture.

Votre Commission ne sera pas la première à faire ressortir le mérite de Daniellou et à lui décerner une récompense. Nous avons vu, à Saint-Nep, une médaille d'or, 3 médailles d'argent et 1 médaille de bronze remportées dans des concours antérieurs. De plus, Daniellou a gagné le prix d'honneur dans le concours annuel que M. le comte de Guébriant offre à ses nombreux fermiers du canton de Saint-Pol-de-Léon, et sa supériorité ayant été proclamée, ses pairs l'avaient mis hors concours entre eux.

Pour mieux faire ressortir le mérite de Charles Daniellou, je ne proclamerai sa récompense qu'à la fin de mon rapport sur la belle propriété de Kerasody.

Appendice au rapport sur la Ferme de St-Nep

Votre commission n'a pas voulu se borner à décerner une récompense à Danniellou, et à lui prodiguer son admiration et ses éloges ; elle a encore songé à recueillir de sa bouche quelques notes techniques relativement à la culture de la pomme de terre, de l'oignon du chou-fleur et du brocoli, du chou fourrager et potager, et de l'artichaut. Nous dédions ces notes aux trécorois spécialement, espérant pouvoir, en une autre occasion, les entretenir de fermes à cultures d'asperges, d'ail, d'échalottes et de carottes.

Pomme de terre

On cultive à St-Nep 4 sortes de pommes de terre :

1° La pomme de terre blanche dite américaine.

2° La pomme de terre plate.

3° d° Tanguy.

4° d° hâtive jaune.

Les pommes de terre précoces se plantent vers Noël ; les précoces sont la Tanguy et la hâtive jaune.

La fumure consiste en un mélange de fumier de ferme et de goëmon.

Il n'y a pas de différence sensible entre les rendements des espèces à maturités différentes, sauf en ce qui concerne la pomme de terre américaine, qui est de beaucoup la plus productive. Les premières se vendent depuis 1 f.25 jusqu'à 0 f. 20, le 1/2 k. pendant quatre à cinq semaines. Cette année le rendement au 1/2 hectare ne sera pas supérieur à 15 mille livres ; dans les années d'abondance, il atteint 20 mille livres.

Culture d'oignons

Il y a à Saint-Nep deux sortes d'oignons, l'oignon d'hiver et l'oignon d'été, ou plutôt il n'y a qu'une seule sorte d'oignon. En effet, on dit de l'oignon qu'il est d'été, quand on le sème dès le mois de janvier ; on dit, au contraire, de l'oignon qu'il est d'hiver lorsqu'on le sème du 20 août au 8 septembre. Il y a aussi l'oignon destiné à rester nain. Celui-ci est semé en mars. On saupoudre les semis d'oignons de sable. La fumure qui convient à l'oignon, c'est le fumier de ferme et le fumier de ville. On évite d'employer le goëmon, qui le fait monter et l'empêche de faire des têtes.

Donner à la terre la même façon que pour la pomme de terre ou le panais après froment :

1° Retourner le sol superficiellement à 25 centimètres de profondeur ;

2° Donner un coup de herse qui arrache les mauvaises herbes ;

3° Fumer à raison de 40 mètres cubes au 1/2 hectare ;

4° Retourner de nouveau la terre pour enfouir les mauvaises herbes ;

5° A la place de la bêche, plomber à la charrue-bêcheuse ;

6° Herser et rouler.

Cette préparation terminée, on dispose la terre par planches d'un mètre de large en laissant entre elles des allées de 0 m. 15 centimètres pour permettre d'opérer les sarclages. Les sarclages faits, ces allées reçoivent des drageons d'artichauts et des plans de choux-fleurs.

Piquer un journal d'oignons demande de 25 à 30 journées de femme à 1 fr. 25 par jour et la nourriture ; le sarcler une fois emploie 15 journées. Là, où les terres sont moins propres qu'à Saint-Nep il faut opérer deux et parfois trois sarclages.

L'oignon est mûr vers le 1er août. 8 hommes peuvent en trois heures en arracher de terre 8 mille livres et les dépouiller de leurs feuilles et racines. Cette année, l'oignon a fourni à Saint-Nep un rendement de 32 mille livres par 1/2 hectare. Les 100 livres se vendant 4 francs à quai à Roscoff, cela fait ressortir le produit en argent d'un 1/2 hectare d'oignons à fr. 1,280. Il est des années oùle rendement par 1/2 hectare monte à 40 mille livres.

Quelle est la récolte de céréales donnant au maximum de 2,500 livres à 3000 livres et de 3 à 4 milliers de paille qui puisse, eu égard au profit, soutenir la comparaison avec une récolte d'oignons médiocre ?

Culture d'artichauts

Les drageons d'artichauts se plantent vers le 1er mai, entre les sillons de pommes de terre et les plates-bandes d'oignons. On réserve à chaque plant une superficie d'environ 90 centimètres carrés, ce qui donne environ 5,000 plants au demi-hectare, déduction faite de la superficie occupée par les lisières et clôtures.

L'artichaut demande une forte fumure de fumier de ferme ou de ville, d'engrais humain si l'on peut s'en procurer, mais on doit éviter d'employer le goëmon seul. L'unique labour à donner au moment de la plantation sur pommes de terre et oignons, c'est de défoncer le sol à la houe à main à 20 centimètres de profondeur.

L'artichaut donne lieu à 3 récoltes de fruits ; elles se font au fur et à mesure des commandes : la première, vers le 15 avril ; la seconde, vers le 20 juillet ; la troisième, vers octobre. Comme les primeurs, les artichauts d'arrière-saison se vendent très cher : 3 francs la douzaine. Pour obtenir cette récolte tardive, on arrache les drageons de l'année, à l'exception de deux, afin que ces deux drageons de réserve aient plus d'air et de vigueur ; on a soin de rafraîchir à la binette à main la terre qui les entoure.

Nous avons dit que les récoltes se vendent à la douzaine ; elles se vendent aussi par champ. Mais la vente la plus productive semble être la vente à la douzaine. Quel peut être, dans ce mode de vente, le produit d'un demi-hectare d'artichauts à Saint-Nep ? Nous avons dit que le demi-hectare y porte 5,000 pieds ; d'un autre côté, nous avons relevé que chaque plant y porte 7, 8, 9, 10, 11, 12, 13 et jusqu'à 14 fruits. Nous avons mesuré un fruit auquel nous avons trouvé 0m 65 de circonférence.

5,000 plants portant 7 fruits donneraient une récolte de 35,000 artichauts ;

5,000 plants portant 14 fruits donneraient une récolte de 70,000 fruits ;

La moyenne de ces deux récoltes serait 52,555 fruits.

La première et la troisième récolte, avons-nous dit, se vendent sur le pied de 3 francs la douzaine ; la récolte intermédiaire se vend à raison de 2 fr., 1 fr. 50, 1 fr. 25 la douzaine. Quelle est la proportion entre la récolte intermédiaire et les deux autres ? Je ne le sais pas. Mais supposons que le prix moyen de vente de la douzaine soit 1 fr. 50. Dans ce cas, 52,000 fruits, récolte moyenne d'un 1/2 hectare, divisés par 12 égalent 4,333 douzaines qui, multipliées par 1 fr. 50, donnent un rendement en argent de 6,499 fr. 50 cent. Cette production, qu'il nous a été donné de voir, n'est malheureusement pas atteinte partout ; ainsi nous avons constaté que l'une des récoltes d'artichauts que nous avons eu à examiner ne portait que 3 et 4 fruits par pied. Pour être dans le vrai, il faut établir le calcul sur une production moyenne de 6 fruits par pied.

A ces données nous croyons utile d'ajouter encore la note suivante. Outre le fruit, l'artichaut donne d'autres produits : la feuille, la tige et les racines.

Les tiges et racines d'un 1/2 hectare donnent, à St-Nep, six charretées et y suffisent à alimenter les feux des cuisines de la famille et du bétail.

Les feuilles sont un excellent aliment pour le bétail, pour le bétail à l'engrais surtout, et contrairement à celles des choux-fleur et brocoli, elles ne donnent pas mauvais goût au beurre. Ces feuilles, fanées, peuvent être utilisées pour litière, et, enfouies vertes, elles constituent un excellent engrais.

Choux-Fleurs et Brocolis

A St-Nep, comme dans toute la zône maraîchère de l'arrondissement, il existe un chou-fleur et un brocoli propre au pays. Le brocoli possède deux variétés : l'une prime, l'autre tardive. Daniellou, comme ses voisins, cultive aussi le brocoli d'Angers, qui est encore plus tardif que la variété tardive de Léon. Le maraîcher se procure ses plants de choux-fleurs et de brocolis par semis.

Les semis de choux-fleurs se font en avril, ceux de brocolis, à la Chandeleur.

Les plants de choux-fleurs et de brocoli sont mis en pépinière à la fin d'avril ou de mai ; le chou-fleur est planté à demeure et marqué par une petite branche afin de n'être pas arraché avec les plants de brocoli lorsqu'on les transplante définitivement vers la fin de juillet.

La fumure consiste en fumier de ferme et de ville sans addition de goëmon ni de sable de mer.

On fait venir les choux-fleurs et brocolis après artichauts et trèfle incarnat ; on les plante également parmi les pommes de terre et les oignons.

La préparation du sol consiste, après une sole d'artichauts, par exemple, à arracher les souches d'artichauts, à fumer, à donner un premier labour à la charrue écorcheuse, un second à la charrue bêcheuse, puis à faire passer la herse et le rouleau.

Chaque plante occupe un superficie de 90 centimètres carrés.

6 personnes plantent un journal (1/2 hectare) en 3 heures ; ils tendent six cordeaux à la fois dans toute la largeur du champ ; deux femmes ou deux enfants posent les plants le long de chacun des cordeaux, sur les points qu'ils doivent occuper et quatre hommes, armés de houes à main, à manche court, les plantent.

Les choux-fleurs arrivent à maturité au 15 octobre, les brocolis précoces avant la fin des choux-fleurs et se succèdent sans interruption jusqu'à la fin de la récolte.

Un 1/2 hectare porte 5,000 pieds de choux-fleurs ou de brocolis, qui se vendent 120 fr. le mille, soit à raison de 600 francs le journal.

C'est un joli denier pour une récolte dérobée.

Note relative aux choux fourrager et potager, à la betterave et au rutabagas

DEMANDES	RÉPONSES — Choux fourragers	RÉPONSES — Choux Potagers
1° Epoque des semis ?	10 août environ.	10 août environ.
2° Mise en pépinières ?	Du 20 septembre au 15 octob.	—
2° Epoque de la plantation?	On commence en Avent, puis on continue dans le courant de mars et avril.	Peuvent se planter au commencement d'octobre.
3° Epoque de la vente ?	Même époque que plantation	Même époque que plantation
5° Quantité de plants contenus dans chaque paquet?	500 pour les paquets communs ; quand les plants sont gros, chacun fait à son idée.	Chaque paquet contient à peu près 50 plants.
6° Prix du cent et du mille ?	Varie de beaucoup d'une année à l'autre et d'un marché à l'autre.	Varie de beaucoup d'une année à l'autre et d'un marché à l'autre.
7° Quantité de plants contenus dans un demi hectare?	250,000 environ.	160,000 environ.
8° Sur quelles directions trouvez-vous des débouchés à vos plants de choux ?	Morlaix, Guerlesquin, Belle-Ile-en-Terre, Landivisiau, Huelgoat et Châteaulin.	Morlaix, Landivisiau, Lesneven, Landerneau et Brest.
	Betteraves —	**Rutabagas** —
1° Epoque des semis.	Fin de mars et mois d'avril.	Fin d'avril, commenc^{t} de mai

Ils ne se mettent pas en pépinière, mais se plantent vers la Saint-Jean.

ESPÈCES DE CHOUX

CHOUX FOURRAGERS ; Choux jaunes et verts.
CHOUX POTAGERS : Choux cœur de bœuf et choux Milan frisés.
NOTA. — Les choux cœur de bœuf se sèment vers le 10 août. Les choux Milan frisés dans le courant de mars.

PROPRIÉTÉ DE KERASODY

En Plourin-Morlaix

Monsieur et Madame Pierre Henry achetaient la propriété de Kerasody en 1856.

Les édifices de la vieille ferme existent tels qu'ils étaient à cette date, mais améliorés et servant, manale comprise, à loger 56 têtes de bétail. L'un de ces bâtiments a reçu une autre destination ; par une heureuse transformation, il a été disposé en hangar. Tous ces édifices sont groupés et ont accès facile sur la cour à fumier, sur l'aire, sur le chemin qui dessert la ferme et sur la grande cour qui règne devant la maison d'habitation. Au milieu de cette cour existe un puits de 15 mètres de profondeur, construit en rond, en pierres schisteuses à appareil régulier et couronné d'une margelle en taille sur laquelle est scellée une pompe à godets de la fabrication de M. Penther, Baptiste, de Morlaix; cette pompe en 10minutes, remplit une belle auge en pierre de Lesquiffiou, de la capacité de 800 litres.

Nous avons eu, en arrivant, le coup d'œil du troupeau de bêtes à cornes s'abreuvant à cette auge. C'était, pour des amateurs de bel élevage. un rare spectacle. Cette grande cour de Kerasody, que j'appellerai la cour d'honneur, est très spacieuse. On y arrive par une avenue à quatre rangs de hêtres, de plantation régulière, de végétation vigoureuse et de conduite intelligente, le tiers du fût étant lisse et les deux tiers couverts de branches. Le haut de la cour est terminé par une allée de châtaigniers menant à des cultures voisines ; le bas est clos par un grand mur qui, s'il porte des espaliers pleins d'espérance et abrite la maison des vents du nord, ne l'en prive pas moins de la vue d'une jolie coulée, occupée par les vergers, de grands arbres, des ruisseaux, des fontaines, des prairies. Placez derrière la maison, un jardin bien muré, où l'agréable se mêle à l'utile et vous aurez une idée du joli cadre au milieu duquel s'élève l'habitation de M. Henry. C'est une maison flanquée de deux italiennes sur le prolongement de l'une desquelles, celle du bout couchant, vient d'être construite une des écuries les mieux aménagées du pays. Cette maison, édifiée avec le plus grand soin, est double; sa façade est en pierres de taille polie; ses ouvertures sont régulières, sa toiture est en forme de pavillon. Le coup d'œil extérieur prédispose bien le visiteur. La distribution intérieure y répond. Le rez-de-chaussée contient un salon à manger, une cuisine pouvant contenir une cinquantaine d'ouvriers ; cette cuisine donne accès sur une laiterie, dallée et plafonnée, possédant des courants d'air très actifs, une grande table en ardoise sur laquelle on pose le lait nouvellement trait, en vue de le refroidir et par là de hâter la montée de la crême. Cette laiterie, qui est un grand progrès pour Kerasody, est meublée comme il convient à une laiterie modèle. A côté règne la cuisine des bestiaux, où nous avons remarqué, entre autres choses, une grande marmite économique, de la capacité de 250 litres, dans laquelle on fait trois cuissons de racines par jour. Nous y avons aussi observé un moulin à pommes, qui sert à broyer les racines, à leur sortie de la marmite, au point de les réduire en marmelade. Par cette préparation, peu coûteuse, les cas d'étranglement par ingestion sont évités.

Nous en étions déjà là de notre visite, quand le maître de la maison, averti de notre présence, vint au devant de nous. Il paraissait ému et vieilli, un voile de tristesse profonde se voyait sur sa figure. « Messieurs, nous dit-il, vous êtes les bienvenus, mais permettez-moi, cependant, de vous dire que je me serais abstenu de m'inscrire pour ce concours, si j'avais prévu le malheur qui vient de s'abattre sur ma maison. Vous la voyez en deuil de celle qui y ordonnait tout, qui, depuis 30 ans, en était l'âme et la joie, la compagne active, assidue, dévouée, intelligente de ma vie de travail. » En nous adressant ces paroles qui nous touchèrent vivement, M. Henri nous introduisit dans son salon dont le principal ornement consiste dans les médailles, diplomes d'honneur et mentions honorables qu'il a obtenus pendant sa longue carrière agricole.

Monsieur Henri n'a pas tout perdu en perdant madame Henri. Il lui reste deux fils qui sont des modèles à proposer à la jeunesse laborieuse et studieuse de nos campagnes, à cause de leur passion pour le travail aussi bien manuel qu'intellectuel, à cause surtout de la collaboration dévouée qu'ils n'ont cessé de donner à leurs parents. M. Henri a assigné sa tâche à chacun de ses fils : à l'aîné, l'espèce bovine, les travaux des champs, les affaires extérieures ; au cadet, les chevaux et les affaires intérieures ; et tous les deux obtiennent des succès dans leur partie.

Les domestiques sont au nombre de 10 à l'année : 1 charretier, 2 vachers, 3 laboureurs, un pâtre et 3 servantes.

La superficie de la ferme est de 35 hect. 50 ares, qui se répartissent comme suit :

Terres labourables	26 h.	00 a.
Prés naturels	6	00
Herbages plantés en vergers		50
Bois et pépinières	2	00
Courtils et jardins		25
Maison et bâtiments		75
TOTAL. . .	35 h.	50 a.

A côté de ce tableau, je vais placer le dénombrement du cheptel :

Chevaux.	10
Vaches.	16
Bœufs	6
Taureaux	2
Bouvillons.	5
Génisses	8
Veaux	7
Porcs	2
TOTAL . . .	56

35 hectares, 56 têtes de bétail, dont plus de 35 peuvent être présentés comme supérieures en poids à la moyenne du bétail de la région ; un pareil bétail indique l'existence d'un capital élevé d'exploitation par hectare.

Ajoutons à cela une famille composée de 13 personnes ayant toutes atteint leur entière croissance, à l'exception du pâtre, et nous trouvons que Kerasody entretient 69 êtres animés. N'est-ce pas là une population des plus denses ? N'est-ce pas là le summum de la perfection agricole ?

L'orientation des terres est excellente; c'est le midi. Leur composition est, sur les hauteurs, silico-argileuse, dans les pentes basses, argilo-siliceuse.

Le labour en usage à Kerasody est le labour profond ; la profondeur varie néanmoins d'après la culture ; elle est, en général, de 20 à 30 centimètres et la largeur est la même.

Les instruments utilisés dans la ferme sont l'araire de divers numéros, la fouilleuse, la bêcheuse, le rouleau, l'extirpateur, la herse, la machine à battre, le ventilateur et trieur, etc., etc.

Voici l'assolement :

1re	année,	panais ou navets.
2e	—	froment.
3e	—	avoine.
4e	—	betteraves, rutabagas, pommes de terre.
5e	—	froment.
6e	—	avoine.
7e	—	orge avec forte fumure.
8e	—	trèfle.
9e	—	foin.
10e	—	repos.

Les diverses cultures, qui sont très belles et très propres, occupent respectivement les superficies que je vais indiquer :

Froment	5 h.	50 a.
Avoine	4	50
Méteil	1	00
Orge	2	00
Pommes de terre	0	50
Panais	2	00
Betteraves	1	00
Rutabagas	2	00
Navets	1	00
Cultures dérobées	1	50
Trèfle et veillon	7	25
	28 h.	25 a.

Les plantes-racines couvrent une étendue de 8 hectares.

Si on ajoute à cela 6 hectares de prés naturels et plus de 7 hectares de prés temporaires ou trèfle de 1re, 2e et 3e année, il sera facile de se rendre compte de l'importance de la production fourragère de Kerasody.

Ayant demandé à M. Henry la quantité de fumier qu'il emploie et le nombre de journaux de terre qu'il fume chaque année, il m'a été répondu : « La quantité générale de fumier employée par hectare est de 50,000 kilos. Je n'achète guère de fumier en ville que pour 300 ou 350 francs; car, j'emploie, toutes les semaines, 1,500 kilos de bruyère que je mélange à la litière des animaux. Le phospho-guano n'est utilisé que dans les années où il m'arrive de semer du blé noir ; le phosphate de chaux est employé à la dose de 500 kilos par hectare, sur les parties de prairies qui sont arrosées et le guano sur les parties sèches. Le maërl n'est employé qu'une fois dans chaque assolement ; c'est toujours la deuxième année pour la sole de froment ; la quantité employée est de 6 gabarées ou 18,000 kilos, à l'hectare. Les cultures fumées annuellement sont l'orge sur laquelle on sème le trèfle, les pommes de terre, les panais, les betteraves, les rutabagas et les navets ; les navets et le trèfle incarnat, semés en culture dérobée, après la moisson, sur les terres qui ont porté de l'avoine ne reçoivent qu'une demi-fumure. Mais ces mêmes terres reçoivent la même dose de fumier le printemps suivant, quand on y sème les bettraves et les rutabagas. »

Ces fortes fumures, souvent répétées, permettent à M. Henry d'obtenir des récoltes à haut rendement :

Froment,	2,200 kilos	à l'hectare
Avoine,	2,500 d°	d°
Orge ,	2,600 d°	d°
Bettraves Panais Rutabagas Navets	de 40 à 50 mille kilos à l'hectare	

Les céréales les plus habituellement semées sont le blé Victoria, qui est payé par M. Estrade, minotier, au-dessus du cours, et demandé pour semence à chaque campagne, depuis quelques années, par le directeur de l'école d'agriculture des Trois-Croix, l'avoine blanche, l'orge palme et l'orge chevalier.

Les animaux ayant de gras pâturages au dehors, et, à l'étable, d'abondantes rations d'entretien, de croissance, de produit et de rendement sont une source de bénéfices.

Les vaches, après avoir vêlé, donnent, par tête et par jour, un rendement minimum de 25 litres de lait. Il est vendu en ville, chaque jour, à la même personne 50 litres de lait écrêmé au prix invariable, été comme hiver, de 0 fr. 075 le litre.

Il est également placé en ville, en deux envois, 25 livres de beurre, par semaine.

Je consigne ici un témoignage de M. Henry en faveur de la vache laitière Durham-bretonne : « La vache que je préfère, dit-il, est la Durham-bretonne et cela à trois points de vue :

1° Parce qu'elle est généralement bonne laitière ;

2° Parce qu'elle donne de bons produits ;

3° Parce qu'elle s'engraisse vite quand elle n'est plus employée à la reproduction.

Toutes mes vaches, ajoute M. Henry, sont des Durham-bretonnes, sauf une et deux génisses qui sont croisées ayr-normandes ; cette vache eut le premier prix au concours régional de Brest, dans la catégorie des vaches laitières, et appartenait au lot d'ensemble que je présentai au concours de St-Brieuc et qui obtint aussi le 1er prix d'ensemble, qui, était, cette année-là, où il fut fondé, de 500 francs et une médaille d'or. »

« Il m'est impossible, me disait M. Henry, de vous préciser le nombre de récompenses que j'ai obtenues dans les concours bovins ; je ne crois pas exagérer en avançant que j'en ai obtenu plus de deux cents pour des sujets et une dizaine pour des bandes. »

M. Henry ne se borne pas à faire des élèves et à soigner des vaches laitières. Pour maintenir son troupeau à la hauteur de sa réputation, il a constamment un ou deux taureaux d'élite dont il tire un profit immédiat. *Wilfrid*, par exemple, qui est né chez M. Gastinel et qui lui a été revendu par la Société d'Agriculture, lui rapporte par les saillies 500 francs par an.

M. Henri engraisse aussi, bon an mal an, de 12 à 14 grands bœufs. « Mes bœufs à l'engrais, dit-il, sont constamment nourris à l'étable ; pendant l'été, ils ne mangent que de l'herbe et un peu de trèfle ; après la récolte, on leur donne alternativement des feuilles de rutabagas, de choux et de panais et enfin, vers le quinze novembre, alors que les bœufs sont déjà un peu viandés, on leur sert des rutabagas cuits. »

M. Henry n'a pas de moins brillants succès dans l'industrie chevaline que dans l'industrie bovine. La meilleure preuve qu'on en puisse donner, c'est de rappeler que, les années dernières, il vendait deux étalons à l'administration des Haras, l'un 4,000 fr., l'autre 5,000 fr., et qu'au récent concours régional de Laval, son étalon *Fier-à-Bras*, classé parmi les chevaux de demi-sang d'attelage, obtenait un 3e prix sur 12 chevaux.

On dit souvent que notre arrondissement n'est pas propice à la culture du pommier ;

j'ai entendu tenir ce propos à un pépiniériste distingué qui, aurait cependant le plus grand intérêt à voir les vergers se multiplier. Les vieux vergers sont nombreux dans l'arrondissement et il s'en plante de nouveaux chaque année. Nous l'avons constaté dans notre visite. Les vergers de Kerasody ne sont actuellement qu'au nombre de deux. Mais, à voir la pépinière de pommiers que M. Henry entretient soigneusement, on peut espérer que sous peu il en créera d'autres.

En 1878, M. Henry obtenait votre premier prix de bonne tenue des fermes ; depuis, il a apporté à Kerasody de nombreuses améliorations ; il a enrichi son sol, agrandi sa ferme par des achats de terre, défriché une garenne de 2 hectares, régularisé et maçonné différents talus, rectifié et empierré des chemins d'exploitation, construit un puits, créé et muré un jardin et un verger; bâti, à chaque bout de sa maison, une italienne dont une aménagée en laiterie, et, sur le même alignement, une des écuries les plus remarquables du pays. Son bétail, son outillage ont aussi été considérablement augmentés.

En 1884, il obtenait de la Société des agriculteurs de France un prix Destrais de 300 francs et une médaille d'argent grand module. Cette même année, au concours régional de Brest, il remportait, dans la prime d'honneur, la 1re médaille d'or de spécialité et un prix de 1,000 francs pour sa culture intensive de céréales et son engraissement important de bœufs croisés Durham.

Son médailler, sans compter les mentions honorables, contient 18 médailles d'or.
10 » de vermeil.
29 » d'argent.
31 » de bronze.

TOTAL : 88 médailles.

Est-il beaucoup de chevaliers du mérite agricole qui puissent en présenter un aussi beau ? Je ne le crois pas. Cependant votre Commission a jugé que Daniellou, ce champion de la culture maraîchère de St-Pol, culture qui est l'une des gloires de notre arrondissement, méritait de partager votre première prime culturale avec le propriétaire de Kerasody, l'un des représentants les plus distingués de la grande culture dans le Finistère. Qu'ils la reçoivent donc *ex-æquo* avec nos plus sincères félicitations et nos remerciements pour l'exemple qu'ils donnent au pays.

LISTE DES LAURÉATS

Du 14 Octobre 1886

PREMIÈRE PARTIE

Subvention du ministère de l'agriculture montant à 1,200 francs.

ENSEIGNEMENT AGRICOLE

(Prix aux élèves du collége de Morlaix qui ont le mieux profité de cet enseignement.)

Médaille de vermeil, M. Fercocq, Yves, de Calanhel (Côtes-du-Nord).

Médailles d'argent, MM. Le Deuff, Michel, de Plougasnou ; et Richard, Eugène, de Plouéz'och.

Médaille de bronze, M. Calvézen, J. M., de Lohuec (Côtes-du-Nord).

PROPAGATION

de l'outillage agricole perfectionné

Médaille de vermeil, M. Guillemart, mécanicien à Morlaix.

Médailles d'argent, MM. Le Callenec, mécanicien à Landerneau ; et Nicolas, de Henvic.

Médailles de bronze, MM. Guillemart, pour son semoir ; — Le Callenec, pour sa baratte à beurre ; — et Féat, de Bodilis, pour ses essais de charrue perfectionnée.

ESPÈCE CHEVALINE

ÉTALONS DE GROS TRAIT

1er prix, 80 fr. et une médaille de vermeil, *Vadius*, à M. Fers, de Plougourvest.

2e prix, 50 fr. et une médaille d'argent, *Damas*, à M. Autret, de Plouénan.
Mention honorable à M. Léon, du Villars, en Plougonven.

ÉTALONS DEMI-SANG

Mention très honorable hors concours à cause de l'âge, *Dubot*, à M. de Kertanguy.
1er prix, 80 fr. et une médaille de vermeil, *Carl*, à M. Cail, de Plouzévédé.
2e prix, 50 fr. et une médaille d'argent, *Fier-à-Bras*, à M. Pierre Henry, de Plourin.
Mentions honorables : *Iomen*, à M. Le Borgne, de Cléder, et *Lune*, à M. Créach, de St-Pol.

POULAINS DE GROS TRAIT

Prix unique : 60 fr. et une médaille d'argent, M. Normand, Yves, de Guiclan.

POULAINS DEMI-SANG

Prix unique : 60 fr. et une médaille d'argent, M. San, François, de St-Pol-de-Léon.

ESPÈCE BOVINE

TAUREAUX PUR SANG DURHAM

de 1 à 2 ans

1er prix, 100 fr. et une médaille de vermeil, *Avenant*, 21 mois, à M. Pouliquen, François, Commanna.
2e prix, 80 fr. et une médaille d'argent, *Tonkin*, 18 mois, à M. Cudennec, F.-M., Plouigneau.
3e prix, 60 fr. et une médaille d'argent, *Autant*, 19 mois, à M. Le Bras, de Guiclan.
4e prix, 50 fr. et une médaille de bronze, *Triauvers*, 14 mois, à M. le comte de Champagny.
Mention honorable, à *Baron Stellus* à M. Le Breton, de Saint-Thégonnec.

TAUREAUX PUR SANG DURHAM

de 2 à 3 ans

1er prix, 100 fr. et une médaille de vermeil, *Aviron*, 24 mois, à M. Rivoal, Guillaume, Plourin.
2e prix, 80 fr. et une médaille d'argent, *Compère*, 31 mois, au marquis de Lescoët, Pleyber-Christ.
3e prix, 60 fr. et une médaille de bronze, *Wilfrid*, 25 mois, à M. Henry, Pierre, Plourin.

DEUXIÈME PARTIE

Subvention départementale et fonds de la Société d'Agriculture.

TAUREAUX PUR SANG DURHAM

de 3 ans et au-dessus

1er prix, 100 fr. et une médaille de vermeil donnée par M. le marquis de Lescoët, *Avenel*, à M. le comte de Champagny.
2e prix, 60 fr. et une médaille d'argent, *Tonkin*, à M. Coativy, de Plouigneau.

TAUREAUX AMÉLIORÉS

de 1 à 2 ans

1er prix, 90 fr. et une médaille d'argent, à M. Creff, François, de Guiclan.
2e prix, 80 fr. et une médaille de bronze, à M. Tanguy, Yves, de Plouvorn.
3e prix, 70 fr. et une médaille de bronze, à M. Quéguiner, Ollivier, de St-Thégonnec.
4e prix, 60 fr. et une médaille de bronze, à M. Grall, Thomas, de Plourin.
5e prix, 50 fr., à M. Kerscaven, Allain, de Plouvorn.
6e prix, 45 fr., à M. Guillou, Louis, de Guiclan.
7e prix, 40 fr., à M. Carrer, Paul, de Saint-Pol-de-Léon.

TAUREAUX AMÉLIORÉS de 2 ET 3 ANS

1er prix, 90 fr. et une médaille d'argent, à M. Pouliquen, Jacques, de Saint-Thégonnec.
2e prix, 80 fr. et une médaille de bronze, à M. Placer, Hervé, Cloître-Plourin.
3e prix, 70 fr. et une médaille de bronze, à M. Rolland, Louis, de Plouvorn.
4e prix, 60 fr. et une médaille de bronze, à M. Martin, Joseph, de Plounéventer.
5e prix, 50 fr. à M. Le Cam, François, de Saint-Thégonnec.

VACHES DE 3 A 6 ANS

1re CATÉGORIE

Aptitudes laitières et beurrières unies à une bonne conformation.

1er prix, 80 fr. et une médaille d'argent, à M. Quéinec, Louis, de Guiclan.
2e prix, 50 fr. et une médaille de bronze, à M. Manchec, Gilles, de Plougonven.
3e prix, 30 fr., ex-æquo, à MM. Le Bras, François-Louis, de Guiclan, et René Tous, de Plourin.

VACHES DE 3 A 6 ANS

2e CATÉGORIE

Aptitude à l'engraissement, développement et perfection des formes.

1er prix. 80 fr. et une médaille d'argent, à M. de Champagny, à Ploujean.
2e prix, 50 fr. et une médaille de bronze, à M. Henry, Pierre, de Plourin.
3e prix, 30 fr., à M. Manchec, Gilles, de Plougonven.

GENISSES AU-DESSOUS DE 3 ANS

1er prix. 60 fr. et une médaille d'argent, à M. de Champagny, de Ploujean.
2e prix 50 fr. et une médaille de bronze, à M. Le Bras, Eugène, de Lampaul.
3e prix, 40 fr., à M. Calvez, Paul, de Guiclan.
4e prix, 30 fr., à M. Cudennec, de Plouigneau.
5e prix, 20 fr., à M. Guézennec de Ploujean.
Mention honorable, à M. Henry, Pierre, de Plourin.

ESPÈCE PORCINE

VERRATS

1er prix, 50 fr. et une médaille d'argent, à M. François-Louis Le Bras, de Saint-Thégonnec.
2e prix, 35 fr., à M. Le Mer, Guillaume, de Saint-Martin.
3e prix, 20 fr., à M. Glorennec, de Plouigneau.

TRUIES PLEINES ET SUITÉES

(1re *portée*)

1er prix, 40 fr. et une médaille de bronze, à M. Daniellou, Guillaume, de Plouigneau.
2e prix, 25 fr., à M. Le Gall, Stéphan, de Ploujean.

TRUIES PLEINES ET SUITÉES

(2e *portée*)

1er prix. 40 fr. et une médaille de bronze, à M. Guycmar, Jean, Lesquiffiou.
2e prix, 25 fr., à M. Jézéquel, Plouigneau.

BONNE TENUE DES FERMES et bonne confection des engrais.

1er prix ex-æquo, 2 médailles de vermeil et 200 fr., à M. Pierre Henry, de Plourin, et M. Daniellou, de Saint-Pol.
2e prix, une médaille d'argent et 80 fr., à M. Sibiril, Olivier, de Kervrac'h.
Premier prix supplémentaire, une médaille d'argent, à M. Sévère, Pierre, de Kervadoret, Saint-Pol.
2e prix supplémentaire, médaille d'argent, à M. Laurent Inizan, de Plounévez-Lochrist.
3e Médaille d'argent, M. Rolland, Hervé, Parc-au-Duc, Plourin.
4e Médaille d'argent, à M. Quillévéré à Saint-Pol.
Première médaille de bronze, M. Déroff, à Rucade, Roscoff.
2e Médaille de bronze, à M. Le Noan, François, au Rumen, en Plougasnou.
3e Médaille de bronze, à M. Le Bihan, au Cosquer, en Cléder.

RACINES FOURRAGÈRES

(produits de la grande culture)

Une médaille d'argent, et 10 fr., à M. Daniellou, de Ploujean.
Une médaille d'argent, et 10 fr., à M. Cudennec, de Plouigneau.
Une médaille de bronze, et 10 fr., à M. Le Coz, de Ploujean.
Une médaille de bronze, et 10 fr., à M. Guizien, de Ploujean.

PLANTES LÉGUMINEUSES

Produits de la Culture maraîchère

Une médaille d'argent et 10 francs, M. Cabioc'h, de Roscoff.
Une médaille de bronze et 10 francs, M. Créac'h, Jacques, Roscoff.
Une médaille de bronze et 10 francs, à M. Delangle, Hippolyte, de Saint-Martin.
Une médaille d'argent, offerte par M. le marquis de Lescoët, à M. Guézennec, François-Marie, de Ploujean, pour son exposition de choucroute et de maïs.

BEURRES

1er prix, 20 fr., Mlle Marie Le Coz, de Barricaden, Ploujean.
2e prix, 15 fr., Mme Jeanne Plassart, au Val-Rouge, Morlaix.
3e prix, 12 fr., Mme Jeanne Guézennec, Kerolzec, St-Martin-des-Champs.
4e prix, 10 fr., Mme Catherine Messager, Trégonvez, Ste-Sève.
5e prix, 8 fr., Mme Jeanne Daniellou, à la Boissière, Morlaix.
6e prix, 5 fr., Mme Alexandrine Le Bihan, Plouégat-Moysan.

CIDRE

1er prix. Une médaille d'argent, M. Eléouet, Pierre, de Plougonven.

2e prix. Une médaille d'argent, M. H. Delangle, de Morlaix.

3e prix, Une médaille de bronze, M. Dafniet, de Plougonven.

4e prix. Une médaille de bronze, M. le comte de Champagny.

HORTICULTURE

EXPOSITION DE FLEURS

Jardinier de M. Loth, 10 fr. ; jardinier de M. le marquis de Lescoët, 10 fr.

EXPOSITION DE FRUITS

Une médaille d'argent et 10 fr., M. Buanec.

Une médaille d'argent et 10 fr., M. Albert Le Grand.

A la plus belle exposition de fleurs appartenant à un propriétaire amateur

Une médaille de vermeil, M. Lhotte.

PRIX DE MORALITÉ

AUX SERVITEURS RURAUX

HOMMES

1er prix, 25 fr., M. Jacques Cadiou, 67 ans d'âge, 56 ans de bons services, chez M. Yves Roignant, à Kerbuzaguet, en Cléder.

2e prix, 20 fr., M. Pierre Rédou, 68 ans d'âge, 53 ans de bons services, chez M. Thomas Rédou, cultivateur à Penlan, en Guimaëc.

3e prix, 15 fr., M. Pierre Cotty, 75 ans d'âge, 45 ans de bons services, chez M. F.-M. Guézennec, à Kergariou, en Ploujean.

4e prix, 10 fr., M. Jean-Marie Penjamin, 57 ans d'âge, sourd-muet, 45 ans de bons services chez M. Hervé Laizet au Moguérou en Plougonven.

5e prix, 5 fr., M. Jean Quéguiner, 59 ans d'âge, 42 ans de bons services chez M. Pierre Messager, Moulin-Compézou, en Plougonven.

6e prix, 5 fr., M. F.-M. Brassel, 68 ans d'âge, 42 ans de bons services, chez M. Jean-Marie Lautrou, à Trégunvez, en Plourin.

FEMMES

1er prix, 25 fr., Catherine Guyader, 65 ans d'âge, 46 ans de bons services, chez M. Yves Simon, en Plounéventer.

2e prix, 20 fr., Marie Kerbrat, 53 ans, 40 ans de service, chez M. Jacques Caër, au Ménellou, en Plougonven.

3e prix, 15 fr., Marie Barbier (sans indication d'âge), 37 ans de service, chez M. Garrec, Yves, à Querlavrec, en Plouigneau.

4e prix, 10 fr., Anna André, 64 ans, 36 ans de service, chez M. Pierre Périou, à Porsarhoat, en Guimaëc.

5e prix, 5 fr., Annette Keramour, 36 ans d'âge, 29 ans de service, chez M. F.-M. Guézennec, en Ploujean.

6e prix, 5 fr., Guillemette Colléter, 69 ans d'âge, 27 ans de service, chez M. Thomas Rédou, à Penlan, en Guimaëc.

Morlaix, imp. LANOË, rue Porte-St-Yves, 12, et rue du Pavé, 7

www.ingramcontent.com/pod-product-compliance
Lightning Source LLC
LaVergne TN
LVHW052027160826
845678LV00003B/1231

* 9 7 8 2 3 2 9 6 3 3 8 8 6 *